보수의 정권탈환을 위한 지침서

대한민국 보수혁명

목 차

프롤로그

PART A. 보수를 위한 철학적 사색

Chapter 1 | 보수혁명선언문　　11

Chapter 2 | 보수의 정의　　18

Chapter 3 | 보수의 가치 재정립　　27

PART B. 정치혁신의 시작

Chapter 4 | 새정치란 무엇인가　　39

Chapter 5 | 정당 개혁　　47

Chapter 6 | 공천 혁신　　54

PART C. 보수 혁명 가이드

Chapter 7 | 보수의 취약점   **65**

Chapter 8 | 보수가 살아나는 길   **76**

Chapter 9 | 어떤 나라를 만들 것인가   **87**

PART D. 제21대 총선과 2022년 대선 전망

Chapter 10 | 국민이 보수에게 원하는 것   **97**

Chapter 11 | 대선과 시대정신   **105**

Chapter 12 | 정권탈환 시나리오   **115**

에필로그

프롤로그

보수의 위기다. 대한민국 건국 이래 대한민국 보수 세력이 지켜 온 보수의 철학과 가치가 보이지 않는다. 보수는 패잔병처럼 힘을 잃었다.

그러나 오늘날 보수의 위기는 보수 가치의 위기가 아니라 보수 정당의 위기일 뿐이다. 보수의 가치를 다시 깨워줄 보수 정당 및 보수 세력이 일어선다면 대한민국의 보수는 다시 부활할 것이다.

보수가 꿈꾸는 나라는 정의로운 나라이고,

일반 시민들의 상식이 통하는 나라이다. 열심히 일한 만큼 얻고 노력한 만큼 보상이 따르는 공정한 사회이다. 돈이 많고 적음에 따라 법집행이 달라지는 사회가 아니라 법 앞에 만인이 평등한 사회이다. 이것이 진정으로 보수가 추구해야 할 가치들이다.

이 책은 위기에 처한 보수를 어떻게 재건할 것인가를 고민한 결과물이다. 따라서 이 책의 목적은 보수 재건의 방향을 보여주고 정권탈환을 위해 필요한 것들이 무엇인지를 알려주기 위해서다.

본문의 구성은 4개의 Part로 되어 있다. 그리고 각 Part는 3개의 Chapter로 나누어져 있다. 첫 번째 Part에는 보수에 대한 철학적 분석을 통해 보수의 가치를 재정립할 수 있는 이론적 토대를 제공한다. 두 번째 Part에서는 정치 개혁은 무엇인지를 설명했고, 세 번째 Part에서는 정치 혁신을 바탕으로 한 보수혁명은 어떤 모습인지를 묘사하였다. 마지막 Part에서 1년 앞으로 다가온 총선에 대비하여 보수가 어떻게 유권자들에게 다가가야 하는지를 서술했다. 그리고 2022년 대선을 위한 시대정신을 조심스럽게 진단했다.

이 글이 보수 성향의 독자들에게 유익한 정보를 제공했으면 한다. 동시에 뚜렷한 정치적 성향이 없는 일반 독자들에게도 새로운 시각을 제공하는 계기가 되기를 바란다. 무엇보다도 정치 성향에 상관없이 독자들에게 재미를 주었으면 좋겠다.

2019. 5. 차광명

PART A.
보수를 위한 철학적 사색

Chapter 1
보수혁명선언문

〈보수혁명선언문〉

평범한 시민들의 상식(常識)이 통하는
정의롭고 공정한 국가 재건을 위하여

신(新)보수주의는 평범한 시민들의 상식(常識)이 통하는 정치이념이다. 신(新)보수주의는 다음의 세 개의 축으로 이루어진 새로운 정치적 가치이다. 첫째, 자유시장경제와 자유민주주의를 근간으로 한다. 둘째, 전통적인 보수적 가치를 계승하고 정의롭고 공정한 사회 건설을 추구한다. 셋째, 열심히 살아가는 평범한 시민들이 존중받고 그들의 상식이 통하도록 만드는 정치적 사고(思考)의 틀을 내포한다.

이것은 대한민국을 재건하기 위한 보수의 새로운 정치 철학이고, 이러한 신(新)보수주의를 '정의롭고 공정한 보수(Just and Fair Conservatism)'라 부른다. 그리고 신(新)보수주의자들이 보수혁명의 중심세력임을 천명한다.

대한민국 국민으로서 성실히 세금을 내고 각종 의무를 다하며 하루하루 묵묵히 살아가는 평범한 시민들이 이 나라의 근간이며 주인이다. 평범한 시민인 우리들이 열심히 일하며 사회에 공헌한다면 잘 살 수 있어야 하며, 신보수주의는 일한 만큼 얻고 노력한 만큼 보상이 따르는 공정한 사회 건설을 최고의 이념으로 추구해야 한다.

빈익빈부익부(貧益貧富益富)의 양극화를 막고 중산층을 보호하기 위한 경제정책이 최고의 경제정책임을 다시 한번 자각하고, 각자 자기 자리에서 맡은 바 소임을 다하며 오늘을 살아가는 일반 시민들이 마음 편히 살아 갈 수 있는 세상을 만들어 가야 한다. 그러나 일류 기업 없이는 국가 경제도 없음을 인지하고, 기업하기 좋은 사회 여건을 만들어야 한다.

대기업 중심으로 국가 정책이 이루어지는 것을 피하되, 대기업이 국가에 기여하는 긍정적인 면을 인정하고 기업들의 소리에 귀 기울여야 할 것이다. 동시에 근로자 및 노동자의 인권과 근로 환경을 개선시키고 노사가 상생 할 수 있는 기준을 제시하며 국가 경제 재도약의 주춧돌을 놓아야 한다.

튼튼한 안보는 모든 국가 활동의 원동력이다. 투철하고 뚜렷한 안보관만이 피와 땀으로 건설한 자유대한민국을 지킬 수 있다는 것을 명심해야 한다. 혈맹인 한미동맹을 재확인하고 이를 바탕으로 외교전략을 구사해야 할 것이다. 실리외교를 추구하되 굴욕적인 외교를 피해야 하며, 북한과 북핵에 대해서는 단호한 입장을 취해야 한다.

북한에 대한 원조는 어디까지나 인도적 지원에 국한되어야 한다는 것을 잊어서는 안 되며, 우리가 원조한 돈과 식량이 북한 정권의 미사일이 되어서 우리를 위협하는 어처구니 없는 일이 반복되어서는 결코 안 될 것이다. 전작권환수로 독립적이고 자주적인 군권을 실행하는 것은 우리가 추구해야 할 가치이지만 현재 우리의 사정을 잘 인식하고 경거망동하는 행동으로 국익을 해쳐서는 안 된다. 진정한 자주국방은 확고한 경제력을 바탕으로 이룩된다는 사실을 잊지 말아야 한다.

대한민국 국민을 위한 복지는 점차 확대 증진되어야 한다. 하지만 복지선진국을 무조건 따라가서는 안 될 것이며 우리에 맞는 복지제도를 실현해야 한다. 복지확대는 세금의 증대와 국가 재정의 부담이 동반된다는 사실을 인지하고 무조건적인 복지나 복지포퓰리즘을 배척해야 한다.

훌륭한 국가는 훌륭한 시민이 만든다. 높

은 시민의식의 토대위에서 신보수주의가 추구하는 정의롭고 공정한 사회가 건설될 수 있다. 학벌 위주와 입시 중심의 교육을 청산하고 능력과 열정이 대접 받는 사회 분위기를 만들어 가야 한다. 정의롭고 공정한 시회는 돈과 권력에 허리 굽히는 법집행이 아니라 법 앞에 만인이 평등한 법집행이다. 누구나 법을 어기면 처벌 받는다는 것을 보여주어야 한다.

'헬조선'이란 말이 나오게 만든 기성세대들은 책임을 느껴야 한다. 말장난이 아닌 진정으로 공정한 채용을 실현시키고, 사회의 건강을 해치는 범죄 조직과 좀벌레 같은 불법 고리대금업자를 발본색원하여 건전한 금융문화를 만들어 가야 할 것이다. 중소 또는 영세 사업자도 같이 살아 갈 수 있도록 국가는 배려해야 하며, 대기업이 골목 상권까지 침범하는 것을 제도적으로 막아야 한다. 결론적으로 상생의 길을 열어 주어야 한다.

정치권은 국민의 신뢰를 회복하려고 노력해야 한다. 국회의원들은 반성하고 이기적인 행태를 즉각 버리고 오직 국민과 국가를 위해 무엇을 할 것인지 매일 고민해야 한다. 우리는 무조건적으로 정치권을 불신하는 것을 버려야 한다. 그리고 국가가 나에게 무엇을 해 줄 수 있을지 생각하기 전에 대한민국을 위해 무엇을 할 수 있는지 진지하게 고민해 보아야 한다.

Chapter 2
보수의 정의

'보수(保守, Conservatism)'의 정의를 내리는 일은 상당한 시간과 노력이 필요할 것이다. 이 정치철학적 단어가 가지는 의미를 연구하기 위해서 한 학기의 수업을 개설해도 무방하다고 생각한다. 보수라는 개념은 철학, 역사, 정치 등의 많은 영역에 걸쳐 있다. 따라서 이 책에서 '보수'를 단순하게 정의하기에 분명 한계가 있다. 하지만 보수의 개념을 이해하지 못하고 보수의 혁명을 논할 수 없기 때문에 여기서는 독자들의 이해를 돕는 수준에서 간략하고 개괄적으로 언급하려고 한다.

보수의 뜻

'보수(保守, Conservatism)'의 사전적 의미는 '보전하여 지킴' 또는 '새로운 것이나 변화를 적극적으로 받아들이기보다는 전통적인 것을 옹호하며 유지하려 함'을 말한다(표준국어대사전). 따라서 보수주의(保守主義)는 '급격한 변화를 반대하고 전통의 옹호와 현상유지 또는 점진적 개혁을 주장하는 사고방식'이나 '그런 경향이나 태도'를 의미한다(표준국어대사전).

보수의 영어식 표현은 'Conservatism'으로 영어 단어 'Conserve(보존하다, 유지하다)'에서 볼 수 있듯이 보수의 의미는 변화보다는 기존의 가치와 질서를 선호하는 태도로 요약될 수 있다.

그러나 보수 및 보수주의가 변화를 완전히 거부하고 현상 유지(status quo)만을 원한다고 생각하기 쉬운데 이것은 잘못된 생각이다. 보수주의는 급격한 변화보다는 기존의 가치를 존중하며 완만한 개혁을 추구하는 마음의 자세이기 때문에 변화를 완전히 거부하거나 현상 유지만을 추구하는 '수구파(守舊派)'와는 다르다. 보수주의는 시대와 문화에 따라서 가치가 달라질 수 있으며, 개념이 재정립되어 지기도 한다. 이러한 보수의 상대성에 대해서는 「Chapter 3. 보수의 가치 재정립」에서 자세히 설명하겠다.

보수의 역사

많은 정치적 단어가 프랑스어라는 사실은

우연이 아니다. 프랑스 대혁명은 인류 역사 및 정치사에서 매우 중요한 위치를 차지하기 때문이다. 우리가 흔히 쓰는 '쿠데타(coup d'etat)'는 프랑스어로 정부에 일격을 가한다는 뜻이다: 'coup'은 주먹 따위로 한방 날린다는 것이고, 'etat'는 정부 또는 국가를 의미한다.

18세기 프랑스 대혁명 시절 국민의회에서 급진적인 공화파는 왼쪽에 앉고, 오른쪽에는 온건적인 왕당파가 앉으면서 이념으로서의 '좌-우' 개념이 처음으로 등장했다. 그러나 철학적인 개념의 '보수주의'는 영국의 철학자 에드먼드 버크(Edmund Burke)가 1790년 그의 저서 '프랑스혁명에 관한 고찰'을 발표하면서 이론적 기초가 갖추어졌다고 알려져 있다.

한국 보수의 시작을 역사적으로 찾는 것은 어려운 일인 동시에 논란을 피할 수 없는 작업이다. 이 책의 포커스는 한국의 보수가 어디서 나왔는지, 또는 누가 한국보수의 창시자인지를 연구하는 논문이 아니기 때문에 이러한 소모적인 논쟁은 피하고자 한다. 다만 조선말기 및 대한제국 시절 온건개화파에서 시작하여 일제시대에 우파 성향의 독립운동 단체를 거쳐 이승만과 자유당으로 이어졌다고 보는 것이 일반적인 시각일 것이다.

보수라는 단어가 가지는 이미지

우리는 흔히 '보수'라는 말을 들으면 어떤 이미지가 떠오를까? 아마도 6·25전쟁을 몸소 겪고 산업화의 주역으로 한 시대를 살아

온 많은 60, 70대의 사람들에게는 거부감 보다는 친숙한 이미지로 다가올 것이다. 무엇보다 가난에서 벗어나기 위해 앞만 보고 달리던 시절이었고 반공적 이데올로기와 자유시장경제 체제의 절대적 패러다임 속에서 생활해왔기 때문일 것이다.

그렇다면 전후 세대인 40~50대, 그리고 종이책이나 종이신문 보다 컴퓨터와 스마트폰이 더 친숙한 20대와 30대에게 보수는 어떤 이미지로 다가올까? 한마디로 말해 '꼰대' 또는 '꽉 막힌 아저씨'의 이미지다.

물론 지금의 대학생 새내기 중에도 다수의 보수주의자가 있을 것이고 80대의 노인 중에도 급진적 개혁·진보 세력이 있다. 이처럼 명백한 사실에도 불구하고 여기서 도출해내고자 하는 것은 일반화(generalization)를 통해 요즘 젊은이들이 보수라는 단어를 들었을 때 주로 어떤 이미지를 떠올리는지를 알아내고자 하는 것이다.

다시 이야기의 흐름으로 돌아가서, 왜 '보수주의자'는 '꼰대'가 되었을까? 이에 대한 대답은 「PART B. 정치혁신의 시작」에서 자세히 하겠다.

보수와 진보

보수와 진보 또는 좌와 우, 이 두 개의 정치이념의 물결은 마치 수레의 두 바퀴처럼 18세기 이후부터(어쩌면 우리가 모르는 훨씬 그 전부터) 서로 영향을 주고받으며 인류의 정치 역사를 이끌어왔다. 독일의 위대한 철학자 헤겔의 변증법처럼 정(正)과 반(反)이 만나서 합(合)이 되는 과정을 반복하는 것과도 같이 보수와 진보는 운명처럼 공존하며 서로를 보완해오고 있다.

건전한 보수가 진보의 발전에 꼭 필요하듯이 합리적인 진보는 보수가 나아가야 할 길을 제시해준다. 어쩌면 이것이 역사를 이끌어내는 원동력일지도 모르며, 우리나라의 경우도 예외가 아니다.

하지만 진보가 중심을 잃고 상식에서 벗어나 궤도를 이탈한다면 보수-진보 두 바퀴로 이루어진 정치의 수레는 무너지고 만다. 이와 같은 불행을 막기 위해서 보수는 강력해져야 하고 과감한 행동을 해야 할 것이다. 그렇게 해야만 진보는 다시 원래의 자리로 돌아 갈 수 있고, 다시 복원된 중심으로 보수-진보의 두 수레바퀴는 제 역할을 할 수가 있게 된다.

Chapter 3
보수의 가치 재정립

앞에서 언급한바와 같이 보수의 의미는 변함이 없지만 시대의 요구와 처한 상황에 따라 가치가 달라질 수 있다. 물론 보수라는 개념의 핵심은 변하지 않지만 그 핵심을 뒷받침하는 가치들은 변할 수 있으며, 시대적 요구에 따라 변해야 하는 것이 정상이다. 그래야만 보수라는 정치적 이념의 생명은 이어질 수 있으며 계승·발전될 수 있다. 이 Chapter에서는 보수의 가치가 재정립된 사례를 살펴보고 대한민국의 보수의 가치가 어떻게 재정립되어야 할지 방향을 제시한다.

미국 조지 W 부시 대통령의
'연민의 보수(Compassionate Conservatism)'

'연민의 보수(Compassionate Conservatism)'라는 말을 처음 사용한 사람은 조지 W 부시 미국의 대통령이 아니다.

미국의 정치가들에 의해서 사용되어 오다가 부시 대통령이 공개적으로 많이 사용하여 다시 생명력을 불어 넣어 준 케이스로 보는 것이 적절할 것이다.

'연민의 보수'의 의미는 보수의 전통적인 가치 실현을 통해서 대중과 사회의 복지를 증진시킨다는 것이다. 다시 말해 불행하고 가난한 사람들에게 연민의 정을 느끼면서 이들을 적극적으로 도와주어야 사회 전반에 걸쳐

대중의 삶이 향상된다는 논리인 것이다. 이는 자유시장 경제 체재를 고수하고 부의 재분배에 소극적인 미국 공화당과 매치가 잘 되지 않는 논리이며, 진보 진영에 더욱 가까운 미국 민주당이 내세울 것만 같은 주장이다.

당시 많은 민주당 사람들이 조지 W 부시 대통령의 Compassionate Conservatism을 사탕발림('sugar coating')이라고 비난했다. 조지 W 부시 대통령과 그의 참모들 그리고 그의 정부가 새롭게 내세운 보수적 가치를 어떻게 실행에 옮겼고, 또한 어떤 결과를 만들어 냈는지를 알기 위해서는 철저한 검증과 상당한 리서치가 요구될 것이다. 하지만 이 Chapter의 포인트는 그가 주장한 연민의 보수가 무슨 정책으로 이어졌는지가 아니라, 그와 그의 참모들이 인기가 식어가는 보수의 가치를 시대적인 요청에 따라 재해석했고 다시 생명을 불어 넣었다는 것이다.

영국 데이빗 캐머런 총리의
"진보적 보수(Progressive Conservatism)"

'제3의 길'로 유명한 영국의 정치인 토니 블레어를 당수로 한 노동당은 선거에서 3연속 승리하였다(1997년, 2001년, 2005년). 결국 토니 블레어는 영국의 총리가 되었고, 10년간 영국을 이끌었다. 반대로 보수당은 연거푸 선거에서 패배하여 침체기를 겪어야 했으며 유권자들과 점점 멀어지고 있었다.

이러한 위기의 영국 보수당을 구한 인물이 바로 젊은 데이빗 캐머런이다. 데이빗 캐머런은 39세에 보수당 당수가 되었고 2010년 44세의 나이로 영국 총리가 된다. 보수당의 부활을 이끈 캐머런 총리가 내세운 보수의 새로운 가치가 바로 '진보적 보수(Progressive Conservatism)'이다. 이 새로운 보수의 원칙은 우측으로 치우쳐져 있는 보수를 중도로 이끌어 내기 위한 노력이었으며, 좌파 정책을 빌려와서 보수당을 보수당 같지 않은 보수당으로 만들었다. 'Progressive'란 단어를 보수와 같이 쓴다는 것은 진보적인 정책을 펼쳐서 보수를 시대의 요청에 맞게 재해석함을 의미한다.

캐머런 총리는 2016년 브렉시트(Brexit) 투표 통과 직후 총리직을 사임했으나, 그의 보수 가치 재정립 프로젝트 덕분으로 보수당은 부활하였고 보수당은 시대 흐름을 따라가는 현대적인 보수당이 되었다.

대한민국의 보수 가치 재정립과 신(新)보수주의

2017년 대선 당시 유승민 바른정당 대선 후보는 '따뜻한 보수'를 내걸고 보수 진영과 유권자들에게 지지를 호소하였다. 그가 말하는 '따뜻한 보수'의 실체가 무엇인지 정확히는 알 수 없었지만, 신선한 시도였음은 분명한 사실이다. 앞에서 설명한 미국과 영국의 '연민의 보수'와 '진보적 보수'처럼 보수의 가치를 시대 상황에 맞게 재정립하려는 시도였다. 다시 말해 우측으로 치우쳐진 보수이념의 무게 추를 좌 쪽으로 움직여 중도층의 지지를 유도하려는 노력이었다. 어쩌면 그와 그의 참모들이 정치 선진국 보수의 활동을 연구하고 벤치마킹한 것인지도 모른다.

유승민 대선 후보의 '따뜻한 보수'는 크게 주목을 받지는 못했지만 보수 진영은 그의 시도에 더 많은 관심을 기울일 필요가 있다. 왜냐하면 무너진 대한민국의 보수를 재건하려면 먼저 보수의 가치를 재정립해야 하기 때문이다.

대한민국 보수의 가치를 재정립하기 위해서는 먼저 시대 흐름을 파악하고 시대적 요청에 답해야 한다. 지금 한국이 처한 상황과 국민들(특히 20대와 30대의 젊은 세대)이 무엇을 갈망하는지에 대한 연구와 고찰이 선행되어야 한다. 그리고 어떻게 보수의 관점에서 재해석 할 수 있는지 고민해보아야 한다.

이 시대가 요구하는 보수의 가치를 정립하는 일은 대한민국 보수주의자들과 보수당이 명운을 걸고 완성해야 하며, 조속한 시일 내에 완료하여야만 중도민심의 마음을 잡을 수 있다. 그래야만 영국의 보수당처럼 부활할 수 있다. 그렇다면 지금 우리나라의 시대적 요청은 무엇인가?

동서고금을 막론하고 먹고 사는 문제가 제일 클 것이다. 지금 우리 사회를 보더라도 날로 커지는 빈부격차, 실업률, 치솟는 물가, 등등 거의 모든 문제가 경제적인 먹고 사는 것과 관련된 것들이다. 그러므로 지금 이 시점에서 한국 사회의 시대적 요청은 당장 먹고 사는 문제라고 생각할 것이다. 틀린 말이 아니다. 그런데 왜 우리의 젊은 세대는 '헬조선'이란 표현까지 쓰며 절망하고 있는가? 무한경쟁 시대 속에서 나고 자란 한국의 젊은 이들은 입시, 취업, 승진 등 인생에서 성공이라고 간주되는 것들을 얻기 위해서는 열심히 노력해야 한다고 배워왔다. 그리고 정말 최선을 다해서 경쟁에 이기면 원하는 것을 얻을 수 있다고 믿어 왔다. 그런데 현실은 어떠한가? 부의 대물림이 기정사실화 되었고, 부모의 능력으로 이렇다할 노력 없이 좋은 직장에 취직하고, 돈의 유무에 따라 죄의 경중이 달라지는 사회에 우리는 살고 있다.

이력서를 몇백 장을 써도 취직이 안 되는데, 누구는 부모 잘 만나서 특혜로 이력서 한 장 제대로 쓰지 않고 공기업에 입사했다는 사실을 뉴스로 전해들은 취업 준비생들은 절망한다. 그들은 공정함과 정의를 원한다. 그들은 취업의 특혜를 원하는 것이 아니라 공정한 경쟁을 할 수 있는 시스템을 원하고 최소한의 정의가 실현되는 사회를 갈망한다.

이 시대가 요구하는 보수는 정의롭고 공정한 보수(Just and Fair Conservatism)다. '정의롭고 공정한' 가치로 재정립된 보수주의를 대한민국의 '신(新)보수주의'로 부르겠다. 이 '신보수주의'는 다음의 세 개의 요소로 정의할 수 있다. △ 자유시장경제와 자유민주주의를 근간으로 함. △ 전통적인 보수적 가치를 계승하고 정의롭고 공정한 사회 건설을 추구함. △ 열심히 살아가는 평범한 시민들이 존중받고 그들의 상식이 통하도록 만드는 정치적 사고(思考)의 틀을 내포함. 결국 신보수주의는 일한 만큼 얻고 노력한 만큼 보상이 따른다는 믿음이 지켜지는 공정한 사회 건설을 최고의 이념으로 추구해야 한다.

PART B.
정치혁신의 시작

Chapter 4
새정치란 무엇인가

 법은 정치의 산물이고, 정치는 철학의 산물이다. 올바른 철학이 없는 정치는 갈 길을 잃고, 제대로 된 정치가 없으면 좋은 법이 생길 수 없다.

 지금 대한민국의 정치가 잘 돌아가고 있으며, 정치인들은 옳은 판단을 내리고 있다고 생각하는 사람은 아마도 많지 않을 것이다. 국민들은 더 이상 정치인을 신뢰하지 않으며, 정치가 문제를 해결해줄 것이라고 기대하지 않는다. 진정한 의미의 혁신이 이루어지지 않는다면 국민들이 정치권을 바라보는 시선은 변하지 않을 것이다. 정치혁신에는 좌우 또는 여야(與野)가 따로 없다.

새정치를 위해 선행되어야 할 조건들

여야를 막론하고 새정치(New Politics)라는 단어는 TV 뉴스나 지면에 많이 등장하였고 낯설지 않은 정치 용어가 되었다. 그런데 새정치가 정확히 무엇인지 정의 내릴 수가 없다. 왜일까?

지금껏 한국 정치에서 적지 않은 수의 정치인들이 '새정치'를 내세워 정치 세력화를 꾀하였다. 그러나 거의 대부분이 주목할 만한 성과를 내지 못하고 실패하였다. 실패의

원인은 과연 '새로운 정치'가 무엇인지 명확한 정의가 없었고, 그것이 무엇인지 보여주지 못했기 때문이다.

새정치는 막연한 설명이나 방대한 비전보다는 단순하면서도 국민들에게 보여줄 수 있어야 한다. 새정치는 수려한 정치적 레토릭(Rhetoric)이 아니라 정확한 뜻과 지향점을 가져야 한다. 그래야 새정치가 무엇인지 알 수 있을 뿐만 아니라 새정치가 가져온 변화를 평가를 할 수 있기 때문이다.

새정치의 대표적 실패 사례

안철수 교수가 정치를 시작할 때 열광적인 지지를 받은 까닭은 아마도 그가 새로운 정치를 보여줄 것이란 기대 때문일 것이다. 정치권에 있던 기존의 사람들과 달리 무엇인가 새로운 또는 획기적인 변화를 이루어 낼 것이란 기대와 열망이 '안철수 신드롬'을 일으켰다.

안철수 교수는 '청년멘토'로 화려하게 급부상하며 정치판에 데뷔했고 몇 년간의 새정치 실험을 하고 얼마 전 쓸쓸하게 정계 은퇴를 했다. 그 동안 그에게 많은 일들이 있었을 것이고, 여러 가지 이유 때문에 정계은퇴를 선언했을 것이다. 그 속사정을 다 알 수는 없지만 한 가지 확실한 점은 그와 그의 새정치가 국민적 지지를 충분히 받지 못했다는 사실이다.

안철수 교수는 '새정치'를 외쳤다. 자의든 타의든 '새정치' 이 세 글자는 트레이드마크처럼 그를 따라다녔다. 처음에는 새정치를 하겠다는 다짐만으로도 많은 사람들을 움직였으나, 시간이 흘러 몇 년이 지나도록 안철수 교수는 새정치가 무엇인지 국민들에게 보여주지 못했다. 정치 이념적 정체성 논란과 리더로서의 자질 논란 또한 실망을 야기시켰다. 애매모호한 화법으로 전달되는 애매모호한 그의 새정치는 결국 실체가 없는 공허한 말이 되어버렸다. 결과적으로 안철수 교수의 새정치를 본 사람은 안철수 교수 외에 아무도 없다. 과연 그는 자신의 새정치를 보았는지 궁금해진다.

새정치란 무엇인가

새로운 정치(New Politics)는 아이러니하게

도 원칙을 바로 세워 기본에 충실하는 것이다. 그리고 행동으로 보여주는 것이다. 대의민주주의의 기본과 원칙은 국민이 선출한 대표자가 의회에서 국민의 뜻을 대변하는 것이다. 그러나 대다수의 국민들은 국회가 민의를 대변한다고 생각하지 않으며, 당리당략에 따라 국회가 운영된다고 믿고 있다. 이것이 국회 무용론이 제기되는 이유이다.

'그들만의 리그' 또는 '여의도 섬' 등의 말들이 회자되고 국회 및 정당이 국민의 신뢰를 받지 못하는 이유가 원칙을 지키지 않기 때문이다. 새정치의 정의를 '원칙과 기본'으로 하고 흐트러지고 굽은 원칙을 바로 세우고 기본에 충실한 정치를 국민들에게 보여준다면 새로운 인물의 새정치는 무서울 정도의 정치적 파급력을 발휘할 것이다.

원칙과 기본에 충실하게 정치를 해 나간다는 것은 말처럼 쉬운 일이 아니다. 많은 경우 원칙과 기본을 지킬 것인가 아니면 자신의 정치적 커리어 또는 개인적인 목적 달성에 이득이 되는 것을 취할 것인가를 놓고 고민하게 된다. 대의명분과 국민이라는 말로 포장을 하고 자신의 정치적 목표를 쫓는 일은 쉽다. 그러나 그 누구도 알아주지 않음에도 불구하고, 그리고 자신의 정치적 커리어 면에서 손해를 보더라도 원칙과 기본에 충실하기는 매우 어렵다. 이것은 외롭고 험난한 길이다. 정치 신인들이 금배지를 처음 달면서 모두 원칙과 기본에 충실하겠다고 다짐하지만 끝까지 그렇게 하는 정치인이 거의 없는 것이 이를 증명한다.

그러므로 원칙과 기본을 지키며 정치를 하

는 사람은 용감한 정치인이다. 처음에는 누구도 알아주지 않더라도 나중에는 온 국민이 알아 줄 것이다. 그리고 더 큰 정치인으로 성장할 발판이 마련될 것이다. 역사를 보면 알 수 있다.

Chapter 5
정당 개혁

　정당은 민주주의 시스템을 유지하고 대의 민주주의 실현에 매우 중요한 역할을 한다. 건강한 정당은 건강한 정치 문화를 만들기에 정당을 개혁하는 일은 곧 정치를 혁신하는 길이다. 정당 개혁은 보수-진보 모두에게 해당되는 것이지만 여기서는 보수 정당의 관점에서 분석하려 한다.

인재 발굴 · 육성 시스템 도입

몇백 년 동안 정당 정치를 발전시키고 정착시켜온 영국의 의회제도 및 정당정치(웨스트민스터 시스템, Westminster System)와 미국의 양당제(two-party system)를 역사가 짧은 한국의 정당제도에 적용하거나, 이 두 제도를 우리의 것과 단순 비교하는 것은 바람직하지 않다. 그럼에도 불구하고 한국의 정당제도를 개혁하거나 발전시키기 위해서는 미국과 같은 정당정치 선진국을 연구하여 좋은 제도를 도입하여야 할 것이다.

한국의 정당제도 관련 개선해야 할 것들은 많다. 예를 들면 현역의원에게만 유리한 정치자금법, 중앙당과 지구당의 관계, 비례대표 등 많은 과제들이 있다. 하지만 한국의 보수 진영의 정당 개혁이 시급한 이유는 바로 인재 발굴 및 육성 시스템의 부재 때문이다.

한국의 보수당은 당 차원의 인재 육성은 없고 명망가(名望家) 위주의 인재영입으로 인력충원을 해왔다. 명망가 또는 유명인을 영입하는 것으로는 당의 정체성을 유지하거나 투쟁력을 발휘하기에 한계가 있음은 자명한 사실이다. 이로 인하여 당의 정체성과 노선을 잘 이해하는 국회의원 및 정당 정치인 배출이 어려웠고, '웰빙정당' 이미지가 굳어져 온 것이다. 따라서 보수 진영 정당 개혁의 핵심은 당 차원에서 인재육성이 이루어지도록 변화하는 것이다.

정당의 정체성과 지속성을 지키기 위해서는 그 정당의 가치를 잘 이해하고 공감하는 당원들이 당 차원에서 교육을 받고, 그 교육을 바탕으로 실무정치에 나아가 정치경력을 쌓은 후 다시 당원들을 교육시키는 사이클이 이루어져야 한다. 하지만 한국의 보수 정당들은 당 차원의 인재 육성을 외면해 오고 있다. 정당을 발전시키는 것은 결국 당 정체성에 부합하는 유능한 당원들이며 이러한 당원들은 밖에서 영입하는 것이 아니라 안에서 길러져야 한다.

미국의 경우 대학 캠퍼스에서 대학생들이 양당(공화당 VS 민주당)을 대표하여 활발한 정치 활동을 벌이고 있고 프랑스를 비롯한 유럽 선진국에서도 젊은이들이 오랜 정당 활동을 통해 정치인으로 성장한다.

당 정체성에 부합하는 유능한 당원들을 교

육시키고 육성하기 위해서 중앙당 및 시·도당으로 이원화하여 당원육성학교를 설립·운영하는 것도 하나의 방법일 것이다. 시·도당 중심으로 당원 교육 및 국민 인식제고를 위한 연중 캠페인을 실시한다면 더 큰 효과를 얻을 수 있을 것이다.

더불어 유명무실한 인재영입위원회를 활성화하는 것도 좋은 방법 중 하나이다. 당 대표가 바뀔 때마다 새로 구성되는 인재영입위원회를 지양해야 하고, 전문가 위주의 위원회를 구성하고, 인재영입위원들의 임기를 보장하며, HR(Human Resources) 전문가를 위원장으로 임명하는 것을 권한다.

계파 정치 청산

보수 정당을 포함한 한국의 정당의 고질적인 문제점 중에 하나가 계파 정치이다. 계파 정치에 따른 분열은 정부와 여당을 견제해야 할 제1야당의 투쟁력을 약화시키는 결정적인 요인이다. 같은 정당 안에서 여러 가지 생각과 다양한 정치적 스펙트럼이 존재하는 것은 정당 발전을 위해서 바람직하다. 그러나 이러한 다양함이 변질되어, 정당 내 소집단이 형성되고 소집단의 이익만을 추구하게 되면 당의 결속은 불가능하게 된다.

계파 청산을 극복하기 위해서는 무엇보다도 투명한 공천이 이루어져야 한다. 계파는 '줄 세우기' 또는 '자기 사람 심기'식의 투명하지 못한 공천 과정에서 형성되기 때문이다.

계파 정치는 공천과 매우 밀접한 관계를 가지기 때문에 사실 계파 정치를 청산하기 위해서는 공천을 혁신해야 한다. 공천 혁신은 다음 Chapter에서 다루기로 하겠다.

Chapter 6
공천 혁신

    2016년 제20대 총선에서 있었던 사상 초유의 새누리당의 '옥새파동'은 한국 보수당의 후진적 공천 제도를 단적으로 보여주는 사례이다. 당시 김무성 당대표와 최고위원들 사이에서 벌어진 의견 다툼이었지만 내막을 들여다보면 공천권을 두고 기싸움을 벌인 것이고 계파 싸움의 부정적 결과물이었다.

불투명한 공천과 공천 잡음

당을 이끌 인재를 확보하고 교육하는 것 못지않게 공정한 공천은 매우 중요하다. 당의 혁신과 정치 혁신은 공천 혁신에서 비롯된다고 해도 과언이 아니다. 보수 정당들은 그동안 투명한 공천을 하겠다고 공언해왔으나 실상은 그 반대였다. '깜깜이 공천'이나 '밀실 공천'이라는 말이 괜히 나왔겠는가!

투명하고 예측 가능한 공천

상향식 공천과 같은 혁신적 시도가 있었던 것은 사실이다. 그렇지만 일반 시민들의 귀에는 '공천학살' 또는 '패거리 정치'와 같은 부정적인 말이 더 친숙하다. 그만큼 공천권을 둘러싸고 계파 갈등이 지속되어 왔다는 뜻이고, 그 이야기는 내년에 있을 제21대 총선을 앞두고 아직도 끝나지 않고 진행 중이다.

사실 공천 혁신을 이루는 길은 생각보다 간단하다. 투명하고 깨끗한 '시스템 공천'을 도입하면 된다. 즉 예측 가능한 공천을 실시하는 것이다. 지역구와 비례대표 공천 기준을 다르게 정해서 지역 대표성과 전문성을 동시에 강화 할 수 있다. 중요한 것은 후보자를 추천할 때 공천과정에 대한 기록을 함께 제출하도록 하여 밀실에서 이루어지던 '계파 나누기식 공천'이나 '깜깜이 공천'을 탈피해야 한다.

법으로 상향식 공천을 명시함으로써 소수의 공천 관련자가 영향력을 행사하는 것을 피하도록 하는 것도 하나의 방법이 될 수 있다.

공천 심사를 위해서는 충분한 시간과 많은 노력이 필요하다. 그런데 매번 졸속 심사를 하고 데드라인에 임박하여 공천자 발표를 하는 아마추어적인 관행을 벗어나지 못하고 있어 안타까울 뿐이다.

충분한 시간을 제공하는 철저한 검증 체계 도입도 시급히 이루어져야 할 숙제 중에 하나이다. 공천심사위원회 구성 전에 '공천심사일정 Task Force'를 구성하여 충분한 검증 시간을 보장하는 방법도 고려해 볼만하다.

청년 할당제 및 비례대표 할당제 도입을 추진하는 것이 필요하다. 그래야 젊은 정치 신인들이 정치 무대에 오를 수 있게 된다. 총 공천의 일정 비율을 만 45세 이하 청년에게 할당하는 제도를 도입하면 어렵지 않게 해결될 것이다. 또한 비례대표 공천 시 비례대표 총 공천의 일정 비율을 외교 전문가 등 시대가 필요로 하는 전문가에게 할당하는 것도 바람직한 방법일 것이다.

지금 우리의 외교와 안보가 사면초가 상태에 놓여 있다. 한반도를 둘러싼 열강들의 국제 정치가 대한민국의 운명에 많은 영향을 끼친다는 점을 충분히 인지하고, 외국어 능력을 겸비하고 '국제적 감각'을 가지고 있는 유능한 외교·안보 전문가를 충원해야 할 것이다.

프랑스 엠마뉘엘 마크롱 당의 공천 혁신 사례

 2016년 4월 당시 프랑스 경제부장관이었던 엠마뉘엘 마크롱은 대선 출마를 위하여 중도성향의 정당 '레퓌블리크 앙마르슈(LaREM, La Republique En Marche, 전진하는 공화국)를 창당한다. 2017년 5월 그는 39세의 나이로 최연소 프랑스 대통령에 당선된다. 그리고 한 달 후인 2017년 6월 총선에서 그의 당은 압승을 하고 제1당의 자리를 차지한다. 577석 중 350석 차지하며 전체 하원의석의 과반을 확보한 것이다(민주운동당, Modem)과 연합).

 단 1석도 없던 마크롱의 신당이 그렇게 짧은 시간에 프랑스 하원 제1당의 위치를 차지한 것은 결코 우연이 아니다. 기존 정치권과 정당에 실망하고 있던 프랑스인들은 새로움에 목말라 있었다. 게다가 자유주의 성향을 보이며 좌·우파에 치우치지 않는 중도를 표방한 전략이 적중하였던 것이다. 하지만 마크롱 신당의 성공은 공천 혁신에서 기인한다.

첫째 앙마르슈당은 무늬만 공채가 아닌 진정한 공개채용 방식을 채택했다. 공천을 신청한 사람은 1만 6,000여 명이었고, 서류전형을 거쳐 1,700명의 후보자를 압축했으며, 압축된 1,700명을 대상으로 전화인터뷰 등을 통해 428명의 공천자 명단을 확정하여 발표했다.

둘째, 마크롱 신당은 국민과의 약속을 지켰다. 예정대로 남성과 여성의 성비율을

50:50으로 하였고, 공천을 받은 선거 후보자 중 52%가 지금까지 한 번도 선거를 위해 출마한 경험이 없는 정치 신인이었다. 심지어 2%는 실업자였고, 은퇴자 및 학생도 포함되어 있었다.

셋째, 열린 공천과 파격 공천을 통해 다양성을 확보하고 구태 관행에서 탈피했다. 공천자 명단을 보면 30~70대의 다양한 연령대에 수학자, 여성 투우사, 농부, 학생 등 온갖 직업이 총 망라되었다. 프랑스 국립행정학교(ENA)라는 엘리트 코스를 거쳐야 프랑스 의회에 진출할 수 있었던 관행을 과감히 깨고 파격 공천을 실행하여 돌풍을 일으켰다.

이러한 공천 혁신을 목격한 프랑스 국민들은 마크롱 대통령과 그의 신당에게 뜨거운 지지를 보내 주었다. 최근 프랑스 '노란 조끼' 시위 등으로 마크롱 대통령과 그의 당에 대한 비판의 목소리가 끊이질 않고 있지만, 앙 마르슈 당의 공천 혁신은 위기에 처한 한국 보수당에게 시사하는 바가 크다.

PART C.
보수 혁명 가이드

Chapter 7
보수의 취약점

'보수의 품격'이라는 말이 있다. 보수의 가치와 철학이 바로서고 지켜질 때 쓰일 수 있는 말이다. 그런데 오늘날 한국의 보수를 자처하는 세력이나 보수 정당에게 이 말을 쓸 수가 있을까? 보수는 변화를 두려워하지 않으며 기득권 지키기에 급급해 하지 않는데, 한국의 보수는 어떠한가? 한국의 보수 정당과 그 정당에 몸담고 있는 정치인들이 보수의 가치와 철학을 제대로 현실 정치에 반영하여야 다시 보수를 재건할 수 있다. 그러기 위해서는 한국 보수(보수세력 및 보수 정당)의 취약

점을 알아야 한다.

엘리트주의와 서울대 병

　2018년 6월 홍준표 전 자유한국당 대표가 대표직을 그만 두면서 한 말 중에 인상에 남는 말이 있다. "고관대작 지내고 국회의원을 아르바이트 정도로 생각 하는 사람" 등의 의원들이 계속 있는 한 "한국 보수 정당은 역사 속에서 사라질 것"이라는 것이다.

　사실 한국의 보수 정당을 잘 살펴보면 홍준표 전 대표의 말처럼 장·차관, 판·검사 등의 소위 높은 자리에 있다 국회의원이 된 사람들이 많다. 능력이 있으니 고위직에 올랐을 것이고, 최고 결정권을 행사하는 경험을 하였으니 분명 그들이 속한 정당은 물론이거니와 보수 진영 전체에도 득이 될 것이다. 그러나 문제는 이들의 경력이 아니라 마인드이다.

보수 정당 국회의원 중에는 서울대 출신 의원들이 많다. 한국 최고의 대학을 나온 수재들이 많다는 것은 긍정적인 요소이지만 독이 될 수도 있다. 바로 엘리트주의의 덫에 걸리기 쉽기 때문이다. 실제로 많은 보수 정치인들이 엘리트주의에 빠져 있고 우월감을 가지고 있다. 실례로 서울대 출신 일부 국회의원이 보좌관을 채용할 때 서울대 출신만을 고집하는 경우도 있다. 개(Dog)를 좋아하는 어떤 미국 사람이 세상의 모든 동물을 개와 다른 모든 동물(Dog or not Dog)로 분류했다는 농담이 있듯이, 이들에게 한국의 대학은 2가지만 존재한다. 하나는 서울대이고 다른 하나는 비(非)서울대이다.

이와 같은 엘리트주의는 보수 진영에 팽배해 있다. 최고의 대학을 나와 최고의 자리에 있었으니 내가 항상 옳다는 논리다. 그렇기 때문에 다양한 목소리를 들으려 하지 않는다. 보수 정치인들이 '꼰대'로 불리는 가장 큰 이유다. 내가 항상 옳다는 논리는 내가 계속 결정을 내릴 수 있도록 이 자리에 있어야 한다는 추가 논리를 낳게 된다.

이런 생각을 지속적으로 하다보면 나만 잘 지내면 된다는 보신주의에 빠져들 수 있고, 그렇게 되면 보수 재건이나 구국(救國)과 같은 대의를 위해 나를 버리는 희생은 불가능해지는 것이다.

법조인 만능주의

한국 보수 정당 소속 정치인 중에는 전직 판사나 검사 등 법조인이 많다. 의사나 체육 국가대표도 국회의원이 되긴 하였지만 일반적인 케이스가 아니라 예외적인 케이스이다. 정치라는 것이 결국 법을 만드는 과정이고 대한민국은 법치국가이기 때문에 법조인 출신 정치인이 많은 것은 자연스러운 일일지도 모른다. 하지만 특정 직업군이 헤게모니(Hegemony, 지배적인 권력)를 가지고 있는 정당은 어느 한쪽으로 치우쳐지기 쉽다. 더구나 그 직업군이 법조계라면 사고의 경직성을 초래하기 쉽다. 왜냐하면 법의 본질이 유연성과 창조성보다는 획일성과 안정성에 더 가깝기 때문이다.

예전에 판사나 검사 또는 변호사가 되는 것이 성공과 출세의 상징이었던 시절이 있었다. 예전 같지는 않지만 지금도 법조인은 되기 어렵고 사회적 존경을 받는다. 따라서 보수 정당이 정치 신인을 영입할 때 이러한 사회적 분위기를 반영하여 법조인 중심의 인재 영입을 이어 왔다. 그리고 정치인이 된 법조인은 다시 선후배의 연을 활용하여 다시 법조인을 정치권으로 안내하는 사이클이 반복되었다. 그 결과가 오늘날의 보수 정당에 유독 법조인이 많은 이유다.

법조인이 시대 흐름을 읽지 못하거나 정치적 감각이 뒤쳐진다는 말이 아니다. 어느 정당이든 다양한 직업군의 정치인이 필요해서 법조인도 반드시 필요하다. 하지만 법조인들의 시대는 지나갔다. 지나간 시대의 사람들이 지나간 시대의 마인드로 정당을 운영하고 더 나아가 한국 보수의 방향을 세팅한다는 것은 한국의 보수에게 불행한 일이다.

해방 후부터 한국을 이끌어온 권력집단의 성격은 한국이 처한 시대상과 매우 밀접한 관계를 가지고 있다. 해방 후 대한민국이 건립될 시기 이승만을 비롯한 많은 사회 지도자들이 선진국에서 유학 한 경험이 있고 직·간접적으로 외교적 업무 경험이 있는 경우가 많았다. 이것은 대한민국 건국 당시 외교가 국가의 운명을 좌우하는 상황이었기 때문이다. 6·25 전쟁이 나고 폐허 속에서 경제를 일으킬 시기에는 강력한 정부 주도의 정책 추진이 필요했다. 군인 출신의 대통령과 전직 군인들이 정부 요직을 맡고 정치인이 되었다. 그러다 80년대 이후 어느 정도의 경제 성장을 이루고 난 한국 사회는 사회적 안정을 필요로 하였으며, 법치를 강화해야 할 필요가 대두된다. 이러한 시대적 요청과 맞물려 법조인들이 파워집단으로 거듭난다.

지금의 한국이 처한 상황은 해방 직후 강대국 주변에 둘려 싸여 있던 풍전등화의 한국과 비슷하다. 우리는 미국과 중국의 틈에 끼여 눈치를 봐야 하며, 핵을 가진 북한을 상대해야 한다. 그렇다면 지금 시대가 요구하는 사람들은 어떤 역량을 가진 사람들인가? 아마도 국제적인 시각을 지니고 외국어 능력을 포함한 문화적 교양을 겸비하여 전 세계 어디서라도 당당하게 한국을 대변할 수 있는 글로벌 리더들일 것이다.

차세대 리더 양성 능력 및 의지 부족

 정당의 핵심 존재 이유 중 하나는 차세대 리더를 발굴하고 국민들에게 평가 받게 하는 것이다. 또한 잠재적인 대선 후보군을 오랜 기간 정치 수업을 받게 하고 정치 실무를 익히게 하여 진정한 정치 리더로서의 자질을 갖추게 하는 것도 정당의 책무이다.

 보수당의 위기는 근본적으로 문을 열어 변화를 꾀하지 않고, 젊은 인재를 발굴·육성하지 않은 폐쇄적 운영에서 기인한다. 결국 총선과 대선을 넘어 당의 미래, 보수의 미래, 국가의 미래는 교육과 '사람'을 키우고자하는 의지에 달려있다.

 흔히 잠재적 대선 후보를 '잠룡(潛龍)'이라

부른다. 진보 진영이나 보수 진영이나 대선 잠룡은 있기 마련이다. 그런데 최근 몇 년간 언론에 이름이 거론되는 대선 잠룡 수를 살펴보면 진보 진영이 훨씬 많다는 것을 알 수 있다. 이것은 보수 진영에 인물이 없어서가 결코 아니다. 보수는 사람을 키울 줄을 모르기 때문이다. 때로는 보수 정당의 최고 결정권자들이 과연 사람을 키울 의지가 있는지 의심이 들기도 한다.

한국 보수 정당의 인재 찾기 방식은 코미디에 가깝다. 인재를 발굴하고 육성하는 것은 중·장기적인 투자를 요하는 과정이다. 그러나 평소에는 아무런 관심을 갖지 않고 있다가 선거철이 다가오면 부랴부랴 사람을 찾아 나선다. 그리고 TV나 언론에 얼굴이 알려진 유명인을 인재영입이라 하며 데리고 온다. 벼락치기 사람 구하기가 별 탈 없이 이루어지면 다행이지만, 잘 되지 않을 때에는 인재가 없다고 말한다.

지금까지 보수 정당이 하고 있는 인재영입 방식으로는 빼앗긴 정권을 탈환하는 것은 고사하고 보수의 재건을 이룰 수도 없다. 진정으로 보수를 재건하고 대한민국을 이끌 차세대 리더를 원한다면 지금부터라도 지속적인 인적 투자를 해야 할 것이다. 두말할 것도 없이 정치는 사람 장사이기 때문이다.

Chapter 8
보수가 살아나는 길

 보수가 부활하는 길은 무엇이 있을까? Chapter 8은 이 물음에 답을 하기 위한 것이다. 보수가 살아날 수 있는 길은 보수 혁명을 일으키는 것이다. 다소 부드러운 단어로 표현하자면 획기적인 변화를 추구하는 것이다. 급진적 변화를 지양하는 보수의 본질에 비추어 볼 때 보수 혁명은 아이러니한 발상이 아닐 수 없다. 그러나 죽어가는 환자에게 극약 처방을 할 수 밖에 없는 것이다. "마누라 빼고 다 바꿔라"라는 삼성 그룹 회장의 극약 처방으로 삼성이 전 세계 일류기업이 되었듯이 말이다.

세대교체

한국 보수가 위기에 처해 있다는 사실에 동의하지 않을 사람은 그리 많지 않을 것이다. 그런데 정확히 말하면 한국 보수의 위기는 보수 가치의 위기가 아니라 보수 정당의 위기인 것이다. 보수의 가치와 철학을 제대로 지키지 못하고 현실 정치에 반영시키지 못한 보수 정치인들의 위기인 것이다. 따라서 위축되고 작아진 보수가 다시 건장하게 그 위상을 되찾기 위해서는 가장 먼저 세대교체가 이루어져야 한다.

보수 유권자들은 보수 정치인들에 대해 피

로감을 느끼고 있다. 앞에서 이미 설명한 여러 가지 이유들 때문이다. 젊은 보수 유권자들의 눈에는 '꼰대' 마인드로 구태 정치를 하고 있는 것이다.

일반적으로 한 국가의 국민들의 정치 성향을 분석해 보면 약 30%가 보수적이고, 30%가 진보적이다. 나머지 40%는 그 어디에도 속하지 않은 중간 지대를 형성하며 때에 따라 선택이 달라지는 이른바 '스윙보터(swing voter, 지지하는 정당이나 정치인이 없이 정치 상황이나 정책에 따라 투표하는 유권자)들이다.

보수의 부활은 30%의 보수층의 지지만으로 부족하다. 중간 지대의 지지가 필요하며 그들의 호응을 이끌어 내기 위해서는 신선함과 변화를 보여주어야 한다. 단순한 '젊은 피'

수혈이 아닌 전반적인 세대교체가 필요하다. 위기의 영국 보수당이 세대교체로 화려하게 부활한 사례는 한국 보수에게 가야 할 방향을 제시한다.

세대교체는 단지 나이가 많아서 나이가 어린 사람에게 자리를 물려주는 것이 아니다. 한 시대를 이끌어 왔던 기성세대가 새로운 시대에 더 적합한 새로운 세대에게 기회를 주기 위해 명예롭게 물러나는 것이다. 단언하건대 세대교체 없는 보수 부활은 없다.

보수 세력 통합

세대교체를 이루고 난 후 해야 할 일은 보수 세력의 통합이다. 다가오는 총선에서 오직 승리하기 위한 통합은 의미가 없다. 왜냐하면 선거가 끝나면 다시 분열될 것이기 때문이다. 정치적 생존 그 자체를 위한 통합은 안하는 것만 못하다.

진정한 의미의 통합은 흩어진 보수의 목소리들을 하나로 모으는 것이다. 물론 합쳐진 목소리 안에도 여러 의견들을 담고 다양한 스펙트럼이 존재하도록 하면 좋을 것이다. 그렇게 함으로써 모아진 보수의 목소리는 더욱 풍성하게 될 것이고, 중도 보수층의 결집도 꾀할 수 있다.

4월 3일에 실시된 경남 창원성산 보궐선거만 보더라도 보수 세력의 통합이 얼마나 절실한지 알 수 있다. 여당과 정의당의 단일후보가 자유한국당(제1야당) 후보를 504 표차로

제치고 아슬아슬하게 승리하였다. 만약 보수 세력이 통합되어서 보수 단일 후보가 나왔더라면 결과는 보수의 승리였을 것이다.

보수 세력의 통합 작업은 결코 쉽지 않을 것이다. 복잡한 이해 관계를 조율해야 하고, 적지 않은 시간과 노력이 요구될 것이다. 하지만 반드시 완수해야 할 숙제이다. 보수 통합이라는 어려운 목표 달성을 위해서 보수 정당은 하루 빨리 '보수통합위원회(가칭)'를 당내 설치하여 가동하기를 권한다. 보수 통합의 작업을 체계적이고 안정적으로 이루려면 당내 전담 조직이 필요하며, 다양한 분야의 목소리를 수렴하기 위해서도 위원회를 활용하는 것이 바람직하다. 그리고 이 위원회를 행정적으로 지원할 '보수통합 TF'를 당 사무처에 설치하면 위원회 활동이 탄력을 받을 것이다.

    보수통합위원회(가칭) 리더쉽 구성은 위원장 1인, 부위원장 20인 이내(상근 부위원장 2인 포함), 간사 1인으로 구성하도록 한다. 위원회 회의는 주 1회~2회로 하고, 회의 시간대를 고정시켜 예측 가능성을 높이는 것이 좋다. 그래야 회의 참여율 증가로 이어질 것이다. 회의는 당사 개최를 원칙으로 하되, 필요할 경우 현장에서도 회의를 개최하여 탁상행정이 아닌 민심과 당원들의 생각이 반영된 정책이 도출 될 수 있도록 노력해야 한다. 그리고 위원장과 상근 부위원장에게 일정 금액의 월 급여를 지급하여 위원회 활동과 당 혁신 연구에 전념할 수 있는 환경을 조성하는 것이 바람직하다.

강력한 메시지 전달

세대교체와 보수 세력 통합이 이루어졌다면 다음으로 해햐 할 일은 강력하고 통찰력 있는 메시지를 국민들에게 던지고 지지를 호소하는 일이다. 메시지의 중요성은 아무리 강조해도 지나치지 않다. 정치인이나 정당의 메시지는 정치를 하는 주체의 정치 철학을 담고 비젼을 제시한다. 그러므로 꼭 선거 때가 아니더라도 메시지를 선정하고 전파하는 일을 게을리 해서는 안 된다.

'코어 메시지(Core Message)'는 선거나 정치 캠페인에서 후보자가 유권자 및 대중과 공유하고 싶은 생각이나 비젼 등을 담은 슬로건 또는 캐치프레이즈 중에 가장 핵심적이면서 반복적으로 등장하는, 후보자와 동일 시할 수 있도록 정제된 제1의 메시지이다. 코어 메시지는 후보자의 트레이드마크(trademark)와 같이 여겨지며 잘 선정된 코어 메시지는 후보자의 이미지로 대중에 각인된다. 대중에 각인된 이미지는 정치 캠페인이나 선거가 끝난 뒤에도 이어지며, 선출직 공무원으로 임기 동안 업무를 수행하는 경우 정치적 목적 달성을 위하여 코어 메시지를 지속적으로 사용할 수 있다. 코어 메시지 선정을 위해 고려해야 할 사항들은 다음과 같다.

- 후보자의 이미지는 무엇인가?
- 어떻게 대중에게 각인될 것인가?
- 어떤 비젼(vision)을 보여줄 것인가?
- 당원과 국민들이 무엇을 원하는가?

2008년 미국 대선 당시 오바마 캠프의 주요 메시지 라인은 'Hope'와 'Change'였다. 특히 오바마 캠프는 변화를 원하던 미국인들을 위해 'Change'를 부각시켰고, 이 단어를 활용하여 다음과 같은 워딩(wording)을 도출해 냈다.

- "Change we can believe in"
- "Change we can"
- "Yes We can"

2008년 미국 대선 당시 오바마 후보자의 코어 메시지는 'Change'였으며, 이 메시지는 오바마를 대표하는 메시지가 되었고, 백악관 입성 후에도 지속적으로 활용되었다. 2002년 제16대 대통령 선거에서 권영길 민주노동당 후보는 "국민 여러분 행복하십니까? 살림살이 좀 나아지셨습니까?"라는 메시지를 활용했다. 이 메시지는 최고의 화제가 되었고 유행어가 되었다. 또한 아직도 회자되고 있으며, 권영길 후보의 트레이드 마크가 되었다. 권영길 후보의 코어 메시지는 '살림살이'였다. 이 밖에 미국 트럼프 후보의 "America First" 및 빌 클린턴 후보의 "It's economy, stupid!(바보야, 문제는 경제야)"도 좋은 코어 메시지 사례이다.

그렇다면 통합된 보수 세력을 위한 메시지는 무엇일까? 보수의 코어 메시지는 '보수의 전진'(압축형은 '전진')이다. 서브 메시지로는 '원칙'과 '공정'이 적절하다. 코어 메시지 '보수의 전진'이 내포하는 의미·이미지는 △통합, 미래지향적, 비전 △대항, 혁명, 신선함 △당당함, 힘, 꾸준함 등이다. 이 메시지는 위축된 보수를 이끌어 앞으로 나아가게 하여 '대한민국의 전진'을 이루는 것에 최종 목표를 둔다.

Chapter 9
어떤 나라를 만들 것인가

어떤 나라를 만들 것인가? 이 물음은 무겁다. 막연할 수도 있고 무척 철학적일 수도 있다. 하지만 보수가 부활하여 다시 집권하게 된다면 반드시 필요한 질문이다. 어떠한 나라를 만들어 갈지에 대한 청사진 없이 국정을 운영하다 보면 반드시 실패를 맛보게 된다. 보수 진영은 그러므로 가고자 하는 방향을 미리 설정하고 준비해야 하겠다.

원칙이 바로 선 공정하고 정의로운 자유민주주의 국가

원칙이 바로 선 공정한 국가. 정의롭고 자유로우며 민주주의가 번창하는 국가. 이런 국가는 이상적인 국가일 것이다. 진보-보수 막론하고 모두가 꿈꾸는 나라일 것이다. 그러나 모두의 생각이 같지 않으며, 글자 그대로 해석하지 않는다. 예를 들면 북한도 민주주의를 표방한다. 북한의 정식명칭은 '조선민주주의인민공화국'이다. 북한의 체제는 민주주의와는 거리가 멀다. 따라서 보수가 추구해야 하는 나라는 우리가 알고 있는, 글자 그대로의 뜻이 왜곡되지 않은 '정의롭고 공정한 자유민주주의' 국가여야 한다.

'어떤 나라를 만들 것인가'라는 물음에 대

한 답은 신보수주의를 내세우는 정당이 집권하여 신보수주의 가치와 정책이 사회전체에 퍼지는 나라이다. 상위 10%와 하위 10%를 제외한 80%의 대다수의 국민이 직접 느낄 수 있고 만족하는 좋은 정책이 실현되는 나라이다. 다시 말해 일반 국민의 상식이 통하는 사회이다.

역동적 상생경제가 있는 나라

경제적으로는 성장이 둔화된 경제에 활력이 불어 넣어져 역동성이 살아난 나라이다. 경제 주체들 간의 대립이 완화되어 충돌을 방지하고 상생의 길이 열리는 '역동적 상생경제'가 실현되는 나라이다. 우리나라 소상공인 및 자영업자는 도탄에 빠져있으며, 나라

경제는 하루하루 망가지고 있다. 경제가 총체적 난국에 빠져 있으므로 '제2의 IMF 사태설'까지 대두되고 있다. 또한 최근 '택시-카풀' 사태에서 볼 수 있듯이 침체된 한국 경제 속에서 대립과 적대 감정은 심각한 사회현상이 되었다.

대기업-중소기업 갈등, 노사 갈등, 대형마트-골목상권 갈등 등 첨예한 대립은 한국 경제의 성격을 결정 짓는 하나의 특징이 되었고, 이러한 대립과 적대 감정을 해결 하지 못한다면 한국 경제의 미래는 어둡다.

유연하고 원칙 있는 실리 외교를 추구하는 나라

외교·안보 면에서는 '유연하고 원칙 있는

실리 외교'가 실현되는 나라이다. 강대국에 둘러싸여 있는 한국은 주변의 정세 변화에 빠르게 반응하고 대책을 마련하여 국익과 실리를 추구하여야 한다. 실리 추구는 '한미동맹'과 같은 기본 원칙에 입각하여 이루어져야 하지만 복잡하고 까다로운 외교 현안의 실마리를 풀기 위해서는 다각적이고 다차원적인 접근이 필요하다.

예를 들면, 위안부 문제는 중국과 공조하여 일본에 대응하는 것이 유리하지만, 중국의 '동북공정'은 일본과 협력하여 다루는 것이 보다 효과적일 것이다. 따라서 한국의 외교 전술에 있어서 외교사안별로 대처하는 유연성이 요구된다.

對북한 전략 및 한반도 평화 정착 관련해

서는 '전략적 인내'와 '투트랙(two track) 접근'을 취해야 할 것이다. 지금껏 북한이 보여준 예측할 수 없는 행동과 외교전략으로 볼 때 국제사회가 바라는 북핵 폐기는 언제 이루어질지 알 수 없다. 현 정권의 '북한바라기'와 평화를 북한에 구걸하는 저자세 대북정책은 어리석고 위험하다.

북한과의 대화와 협상은 계속 유지하되 인내심을 가지고 의미 있는 북한의 변화를 유도하는 대북 전술을 구사해야 할 것이다. 對북한 인도적 지원은 계속 이어나가야 하지만 단기성 정치적 성과를 내거나 정치적 이벤트를 위해서, 북한 정권에 UN제재를 벗어난 현금·현물 지원은 지양해야 한다.

그랜드 코리아

대한민국은 산업화를 넘어 민주화를 이룩했다. 원조를 받던 나라에서 원조를 주는 나라가 되었고, 세계 12위의 경제 대국이 되었다. 하지만 이제 국민소득 3만불 시대에 진입했을 뿐, 우리 스스로 선진국이라고 생각하지 않는다. 앞으로 갈 길이 멀기 때문이다.

대한민국은 이제 새로운 발전 패러다임이 필요하다, 단순한 경제 향상이 아닌 복지, 인권, 공공 제도 등 모든 분야에서 발전을 이루어 세계 일류 선진국의 반열에 올라 설 수 있도록 '그랜드 코리아(Grand Korea)'를 위한 큰 그림이 필요하다.

새로운 선진국가로 나아갈 대한민국을 설

계하는 일은 혼자서 하는 일이 아니기에 통합된 보수의 힘이 필요하다. 그리고 '그랜드 코리아'를 달성하기 위해서는 국민이 하나 되고, 전진(前進)하는 대한민국이 되어야만 한다. 보수의 어깨가 무거운 이유다.

PART D.
제21대 총선과 2022년 대선 전망

Chapter 10
국민이 보수에게 원하는 것

　국민들이 보수에게 원하는 것은 의외로 간단하다. 진정성과 변화를 행동으로 보여주는 것이다. 2018년 지방선거에서 패배하고 무릎을 꿇고 잘못했다고 하는 이벤트성 퍼포먼스로 보수 지지층의 마음을 움직일 수 없다. 보수 유권자의 마음을 얻을 수 없다면 중도층의 마음도 얻을 수 없으며, 내년에 있을 총선에서도 패배할 것이다.

　반대로 자기희생을 감수하더라도 진정으로 변화하는 모습을 보여준다면 보수의 총선 승리는 이루어질 것이다.

행동하는 보수

앞에서 설명했듯이 보수는 변화를 두려워하지 않는다. 다만 전통과 원칙을 지키며 완만한 변화를 추구한다. 따라서 보수는 행동하는 정치 철학이다. 그런데 오늘날 보수 세력임을 자처하는 이들이 보여주는 모습은 어떠한가? 한마디로 지지멸렬하다. 행동하지 않기 때문이다. 행동하지 않는 이유는 여러 가지가 있을 수 있다. 너무나 첨예한 정치적 대립이어서 섣불리 한 발짝도 나아가지 못하는 대치정국 속에 빠질 수도 있다. 이럴 경우 정치적 계산에 의해 일부러 행동하지 않을 수도 있으나 행동해야 할 때에도 머뭇거리고 행동하지 않는 것이 문제이다.

올 2월에 자유한국당 의원 3인이 5·18 관련 발언으로 논란을 일으켰다. 자유한국당 지도부는 해당 의원을 징계한다고 공언했지만, 징계는 새 대표를 뽑는 전당대회 이후로 미루어졌고, 또다시 4월 3일 경남지역 보궐선거 이후로 미루어졌다. 당의 정체성 및 정치적 소신 발언에 대한 고려없이 여론의 눈치를 보다 해당 의원들을 징계한다고 말하고, 행동과 말이 일치하지 않아 우왕좌왕하는 모습을 계속 보여주고 있다.

이 문제의 핵심은 누구를 어떻게 징계할 것인 가가 아니라 말과 행동이 일치해야 한다는 것이다. 국회의원으로서 정치적 의견을 당당히 밝힌 소속 의원들을 무리하게 징계

한다고 공언한 것은 넌센스에 가깝다. 이와 관련 현재 자유한국당은 진퇴양란에 빠져있다. 대중의 관심이 줄어들기를 기다리며 은근슬쩍 넘어가기 위한 시도는 내년 총선을 위한 마이너스 마일리지를 쌓은 일이다. 행동을 한다는 것은 약속을 지키는 일이다. 지키지 못할 약속은 하지 말아야 한다. 약속을 지키는 보수로 거듭나야 한다.

자존심을 세워주는 보수

제2차 미북 하노이 회담은 실패로 끝났고, 북한 비핵화는 당장 실현되지 않는다는 것이 명백해졌다. 미국 하원의장 낸시 펠로시가 언급하였듯이 북한이 원하는 것은 북한 비핵화가 아니고 미군 철수를 포함한 한반도

무장 해제다. 그 동안 좌파정권은 '햇볕 정책' 등을 통하여 북한 퍼주기를 해왔고, 현 정권의 북한 퍼주기에도 불구하고 북한은 변하지 않고 있다.

보수 성향의 유권자들은 보수 정당이 대한민국의 자존심을 세워주기를 바란다. 연일 언론에 소개되는 '외교적 굴욕'이나 '왕따 외교' 등으로 자존심이 상해져 있는 상태다. 특히 현 정부의 對북한 '북한 바라기' 저자세는 보수 유권자들을 매우 불편하게 만든다. 한국이 외교적 고립에서 탈피하기를 바란다.

형평성 있는 정책 추진

얼마전 강원도에서 유래 없는 산불이 발생

하는 안타까운 일이 일어났다. 다행히 소방인력의 헌신과 노력으로 불길은 조기에 진압되었다. 강원도 화재를 계기로 소방직 공무원에 대한 국가직 전환이 다시 수면위로 올라왔다. 소방공무원의 근무환경 개선 관련하여 사회적 관심이 증가 하고 있다.

소방공무원의 처우 개선은 당연히 이루어져야 하지만, 특수직(경찰, 군인, 소방) 공무원 처우 개선을 통한 공무원들 간의 형평성 확보가 우선되어야 한다. 특정 직군만을 위한 처우 개선 입법은 공무원들 간의 형평성 관점에서 문제가 있다. 따라서 특수직 전반을 위한 처우 개선 입법을 추진하여 특수직 간의 형평성, 그리고 일반직과 특수직 간의 형평성을 확보 하는 것이 중요하다.

공무원연금 개혁으로 자유한국당(당시 여당인 새누리당)에 대한 지지가 많이 감소하였다. 연금 개혁 당사자인 공무원 입장에서 볼 때, 군인연금 등의 타 공적 연금은 개혁하지 않았기에 형평성의 문제가 대두되었고, 결국 지지 철회를 초래하였다. 공적 연금 개혁은 정당 지지율에 직접적인 영향을 미치고 국가의 재정 및 미래와 직결되기 때문에 사회적 공감대 형성 등을 토대로 한 신중하고 치밀한 접근이 필요하다.

경제 활성화 입법 추진도(역동성 부여) 챙겨야 할 과제다. 기업의 투자 확대를 위한 '패키지 법안'을 추진하고, 국회에 계류 중인 기업 활동을 얽매는 '경제 악법' 저지를 해야 할 것이다. 동시에 자영업자 및 소상공인 지원(상생 경제)에 힘써야 한다. 자유 시장 경제의 원칙을 유지하고 강화하되 서민들의 삶이 피폐해지는 것을 막고, 국민의 삶의 질 향상을 위해서 자영업자와 소상공인들을 위한 지원 입법이 절실하다.

Chapter 11
대선과 시대정신

　역대 한국 대통령 선거를 살펴보면 국민은 언제나 그 시대적 요청에 부합하는 후보를 선택해왔다. 우리는 이것을 시대정신이라고 부른다. 보수 진영의 대선 승리를 가져다 준 2007년 제17대 대선 당시 이명박 후보 캠프는 '경제를 살리는 경제 대통령' 프레임으로 승리를 쟁취하였다. 그 당시 시대정신은 '경제'였으며, 그 시대정신에 가장 잘 매치된다고 여겨진 후보가 대선에서 승리한 것이다.

김영삼 대통령: 문민(文民) 지도자와 문민통치

1987년 민주화 운동으로 대통령 직선제로의 개헌이 이루어졌고, 그 해 12월 새 헌법에 따라 대통령 선거가 치러졌다. 군사정권과 군권통치에 지칠대로 지친 민주화를 열망하던 국민의 바람이 이루어진 것이다.

노태우 대통령 다음으로 선출된 김영삼 대통령은 1960년대 이후 최초의 문민 대통령이었다. 그리고 그가 선출된 제14대 대선은 순수하게 민간인 후보간에 이루어진 경쟁이었다. 비록 김영삼 대통령은 여당 프리미엄을 누리는 후보였지만, 김대중 후보 및 정주영 후보 보다 '문민통치' 또는 '문민 지도자' 이미지에 더 잘 부합한다고 국민은 생각한 것이다.

김대중 대통령: 야당 대통령과 민주적 정권교체

IMF경제위기로 국가 부도사태에 준하는 힘든 시기를 겪으며 정권교체에 대한 염원이 국민들 사이에서 일어나고 있었다. 정부와 여당이 무능력하다는 인식이 팽배하였고, 야당에 국가 운영을 맡겨 국가적 어려움을 극복하기를 국민은 바라고 있었다. 이러한 시대적 요청에 부합하는 후보가 바로 김대중 후보였다.

비록 여권 후보(이회창 후보)와 범여권(이인제) 후보의 표가 분산된 요인이 크게 작용하였지만, 국민은 역시 야권 후보를 선택했다. 김대중 대통령의 당선은 최초의 평화적인 민주적 정권 교체라는 역사를 남겼다.

노무현 대통령: 탈권위주의와 세대교체

노무현 후보가 대통령에 당선된 대선은 2002년 12월 19일에 치러졌다. 21세기를 맞이한지 벌써 2년이 지난 시기였다. 새천년에 대한 기대감과 새로운 시대의 도래를 기다리고 있던 시기였다. 그동안 한국 사회를 누르고 있던 권위주의에 대한 반감이 여기저기서 터져 나오고 있었으며, 젊은 세대들의 표현도 과감해져 가고 있었다.

노무현 후보의 탈권위적인 행보와 맞물린 대선 후보로서의 비상(飛上) 그리고 대한민국 최초의 정치인 팬클럽으로 알려져 있는 '노사모'(노무현을 사랑하는 사람들의 모임)는 이러한 시대정신의 반영이라고 밖에 설명할 길이 없다. 노무현 후보를 선택함으로써 한국 사회가 권위주의에서 벗어나기를 희망하던 국민들은 세대교체를 이루었다.

이명박 대통령: CEO 출신의 경제전문가

제17대 대선에서 한나라당 후보인 이명박 후보가 대통합민주신당의 정동영 후보를 상대로 압도적인 표차로 대승을 거둔다(이명박 48.7%, 정동영 26.1%). 왜 직업 정치인이 아닌 CEO 출신의 후보에게 압도적인 지지를 보내 주었을까?

김대중-노무현 진보 정권 10년 동안 정부의 경제 정책기조는 성장보다는 복지와 사회투자 등의 분배에 초점이 맞추어져 있었다. 그럼에도 불구하고 빈곤율과 소득불평등은 개선되지 못했고, 서민의 삶은 점점 더 어려워져 가고 있었다. 이러한 시대 상황에 이명박 후보의 '경제 전문가'라는 이미지가 부합되었고, 그는 경제 대통령으로 청와대에 입성할 수 있었다.

박근혜 대통령: 여성 참여시대의 최초 여성 대통령

새누리당 박근혜 대선후보의 선거 슬로건은 '준비된 여성 대통령'이었다. 당시 여당이던 새누리당 대선 캠프에서 시대정신을 잘 읽고 있었다는 증거다.

18대 대선(2012년)은 한국 여성의 사회적 참여가 고조되던 시기였다. 또한 세계적으로 여성 리더들의 활약이 두드러지기 시작하던 시기였다. 대한민국 건국 이래 대통령은 모두 남자였으며, 여성의 고위급 진출이 증가하긴 했지만 거의 모든 분야에서 아직도 남성이 압도적인 비율로 고위직을 차지하고 있었다. 이와 같은 시대적 상황을 통해 최초의 여성 대통령을 위한 사회적 분위기가 무르익고 있었다.

문재인 대통령: 촛불 집회로 표출된 정권 심판

촛불 집회와 관련된 정치적인 논란 그리고 박근혜 대통령 탄핵에 대한 찬반 등 많은 논쟁거리가 있을 것이다. 여기서는 그러한 부분은 생략하고 시대정신과 관련된 이야기에 집중하겠다.

'최순실 사태' 등으로 인한 반정부 시위는 촛불 집회로 이어졌다. 국민은 정부와 여당에 대한 불신을 촛불 집회로 표출했고, 촛불 집회는 현직 대통령 탄핵에 큰 영향력을 행사했다. 국민은 정부에 부여한 권력을 다시 회수했으며 정부와 여당을 심판했다. 대통령 탄핵에 따른 대선은 2017년 5월에 있었고, 예상대로 더불어민주당 후보가 큰 표차로 승리하였다.

2022년 시대정신

국민은 시대정신에 부합하는 후보를 선택한다면, 다음 대선이 있는 2022년의 시대정신은 무엇일까? 현 정권 3년차인 2019년 현재 국가 경제를 나타내는 지표는 지속적으로 부정적으로 변하고 있다. 최저임금 상승, 안일한 남북협력사업 및 소득주도 성장 등의 부작용으로 서민 경제는 하루가 다르게 나빠지고 있다. 아이러니하게도 2022년 대선은 결국 '경제'가 대선의 핵심 이슈로 부상할 것이며, 경제 관련 비전을 어떻게 국민에게 보여줄 것인가가 선거의 중심으로 자리 잡을 것이다. 그렇지만 시대정신에 부합하는 후보가 반드시 기업인이나 경제 전문가 출신일 필요는 없다.

그리고 2007년과 2022년은 여러 가지 국내외적 상황이 같지 않으므로 새로운 경제 전략이 필요할 것이다.

2007년 대선의 경제 프레임은 단순히 국가 경제를 살리고 서민경제를 일으키는 큰 틀에서의 경제였다면, 2022년 대선 경제 프레임은 국가 경제(거시경제, Macroecomomy)와 유권자 개개인이 느끼는 작은 경제(미시경제, Microeconomy) 영역도 포함되어야 할 것이다.

왜냐하면 유튜브(Youtube, 전 세계 최대 무료 동영상 공유 사이트) 또는 1인 기업 등으로 요약되는 현 세대의 개인주의적 성격이 선거에도 그대로 반영되기 때문이다.

Chapter 12
정권탈환 시나리오

　보수에 의한 정권탈환은 보수 세력과 보수 유권자들이 학수고대 하는 일일 것이다.

　이 책의 마지막 Chapter인 이 장에서는 지금까지 설명하고 보여준 이야기들을 토대로 보수에 의한 정권탈환 시나리오를 흐름도로 정리하겠다.

보수의 정권탈환 시나리오 흐름도

보수의 가치 재정립
↓
정당 개혁
↓
보수 통합
↓
세대 교체
↓
공천 혁신
↓
총선 승리
↓
대선 승리 및 정권 탈환

에필로그

미국의 프랭클린 루즈벨트 대통령은 경제대공황으로 고통 받던 미국인들에게 "우리가 단 한 가지 두려워해야 할 것은 바로 두려움 그 자체다"라는 말을 했다. 이 말이 세대에 걸쳐 명언으로 인정되는 것은 그의 강력한 리더쉽과 정부의 노력으로 경제 위기를 슬기롭게 극복했기 때문이다. 그는 정부-국민 간의 신뢰를 바탕으로 위기를 극복할 수 있다는 희망을 국민들에게 심어 주었다. 그리고 행동으로 보여주었다. 진정한 리더의 모습이 아닐 수 없다.

경제 악화, 외교적 고립 등 지금 대한민국

이 겪고 있는 일련의 시련들은 과거 어느 정권에서도 경험하지 못한 것들이다. 경제면에서도 총체적 난국이지만, 한미 동맹에 균열이 생기고 있어 대한민국의 안보에 빨간불이 켜진 상태다. 우리의 생존이 위협 받고 있는 것이다.

여기에서 서술한 것처럼 보수 세력이 정신을 차려서 대한민국이 처한 현실을 직시하고, 위기의 대한민국호(號)를 구해주기를 바란다. 그러기 위해서는 자기희생이 필요하며 '나'를 버리고 '우리'를 택할 수 있어야 한다. 세대교체를 선두로 한 보수 혁명을 이룩하여 보수를 재건하여야 한다. 그렇게 해야만 다시 국민들의 신뢰를 얻을 수 있고, 정권을 탈환할 수 있다.

마지막으로 이 책의 집필을 마치면서 보수 성향의 유권자들은 지금도 보수의 부활을 이끌 진정한 리더를 기다리고 있다는 사실을 언급하고 싶다. 보수의 품격을 보여주고, 대한민국의 미래 비젼을 제시하며, 행동으로 보여주는 리더!

이 책이 그러한 리더와 보수 재건을 꿈꾸는 모든 사람들에게 도움이 되기를 희망한다.

보수의 정권탈환을 위한 지침서
대한민국 **보수혁명**

지은이 | 차광명
만든이 | 하경숙
만든곳 | 글마당
편집디자인 | 정다희
(등록 제02-1-253호, 1995. 6. 23)

만든날 | 2019년 6월 10일
펴낸날 | 2019년 6월 20일

주소 | 서울시 송파구 송파대로 28길 32
전화 | 02. 451. 1227
팩스 | 02. 6280. 9003

홈페이지 | www.gulmadang.com
이메일 | vincent@gulmadang.com

ISBN 979-11-961922-9-7

◈ 이 책의 무단복제나 무단전제는 지적재산을 훔치는 저작권 위반 행위입니다.
◈ 잘못된 책은 바꾸어드립니다.
◈ 이 도서의 국립도서관 출판사도서목록(CIP)은 서지정보유통지원시스템 홈페이지
 (http://seoji.nl.go.kr)와 국가자료종합목록시스템(http://www.nl.go.kr/kolisnet) 에서 이용하실 수 있습니다.